BEI GRIN MACHT SICH IHR WISSEN BEZAHLT

- Wir veröffentlichen Ihre Hausarbeit,
  Bachelor- und Masterarbeit

- Ihr eigenes eBook und Buch -
  weltweit in allen wichtigen Shops

- Verdienen Sie an jedem Verkauf

**Jetzt bei www.GRIN.com hochladen
und kostenlos publizieren**

Thomas Dörr

Volumen eines Rotationskörpers. Oder: Wir modellieren ein Glas

Lehrprobe Mathematik (9. Klasse)

GRIN Verlag

Bibliografische Information der Deutschen Nationalbibliothek:

Die Deutsche Bibliothek verzeichnet diese Publikation in der Deutschen National-
bibliografie; detaillierte bibliografische Daten sind im Internet über http://dnb.d-
nb.de/ abrufbar.

Impressum:

Copyright © 2011 GRIN Verlag GmbH
Druck und Bindung: Books on Demand GmbH, Norderstedt Germany
ISBN: 978-3-656-71792-8

Dieses Buch bei GRIN:

http://www.grin.com/de/e-book/278095/volumen-eines-rotationskoerpers-oder-wir-
modellieren-ein-glas

GRIN - Your knowledge has value

Der GRIN Verlag publiziert seit 1998 wissenschaftliche Arbeiten von Studenten, Hochschullehrern und anderen Akademikern als eBook und gedrucktes Buch. Die Verlagswebsite www.grin.com ist die ideale Plattform zur Veröffentlichung von Hausarbeiten, Abschlussarbeiten, wissenschaftlichen Aufsätzen, Dissertationen und Fachbüchern.

Besuchen Sie uns im Internet:

http://www.grin.com/

http://www.facebook.com/grincom

http://www.twitter.com/grin_com

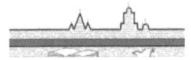

Staatliches Studienseminar
für das Lehramt an berufsbildenden Schulen
- Mainz -

RheinlandPfalz

STAATLICHES STUDIENSEMINAR
FÜR DAS LEHRAMT AN
BERUFSBILDENDEN SCHULEN
MAINZ

Unterrichtsentwurf zur zweiten
benoteten Lehrprobe Mathematik in der Klasse HBFS 09a

Thema der Unterrichtsstunde:
„Volumen eines Rotationskörpers oder wir modellieren ein Glas"

Thema der Unterrichtsreihe:
Berechnung von Flächeninhalten und Volumina mit Hilfe der Integralrechnung

Ausbildungsfach:	Mathematik
Klasse:	HBFS 09a
Ausbildungsschule:	xxx-Schule
Datum:	30. März 2011
Zeit:	10.45 – 11.30 Uhr
Raum:	101
Referendar:	Thomas Dörr

Inhaltsverzeichnis

1. Mein Konzept

Wie ich mich als Lehrer in Bezug auf diese Lerngruppe momentan erlebe...

In Absprache mit der Schulleitung und meiner Mentorin, werde ich die Lerngruppe ein weiteres Jahr unterrichten und in der Oberstufe der höheren Berufsfachschule weiterhin begleiten. Nach wie vor fühle ich mich in dieser Klasse sehr wohl und habe einen guten Umgang mit den Schülerinnen und Schülern. Dazu gehe ich respektvoll mit ihnen um und bemühe mich, eine vertraute und positive Lernatmosphäre zu schaffen. Dieser respektvolle und wertschätzende Umgang mit der Lerngruppe ist mir sehr wichtig und Grundlage für ein gutes Arbeitsklima.

So sehe ich mich in meiner Lehrerrolle...

Mein Konzept vom Lehrersein sehe ich in der Rolle des begleitenden Ansprechpartners in der Klasse, der Lernarrangements organisiert und die Schülerinnen und Schüler für diese motiviert. Außerdem versuche ich die Lerngruppe durch interessante und realitätsnahe Aufgabenstellungen zu aktivieren. So sollen die Schüler die Mathematik zwar als abstrakte Wissenschaft kennen lernen, aber auch die Sinnhaftigkeit mit Bezügen zum Alltagsleben erfahren und verstehen. Außerdem bringe ich den Schülerinnen und Schülern Verständnis entgegen, wozu ein gewisses Maß an Einfühlungsvermögen erforderlich ist. Dies soll dazu führen, dass den Schülerinnen und Schülern eine gewisse Sicherheit übermittelt wird, um sich angstfrei und selbstständig mit dem Lernstoff auseinandersetzen zu können. Weiterhin stehe ich den Schülerinnen und Schülern mit meinem Fachwissen zur Seite und gebe Hilfestellungen bei der Bewältigung des Unterrichtsstoffs.

Meine nächsten Schritte, um dieses Ziel zu erreichen, sind...

Mein Ziel im Mathematikunterricht besteht darin, in erster Linie das Interesse der Schülerinnen und Schüler für die Mathematik zu wecken. Dazu versuche ich, die Klasse durch selbstständige Überlegungen und Tätigkeiten aktiv mit in den Unterricht einzubeziehen. Jeder Einzelne der Lerngruppe soll sich durch die eigene Initiative die Unterrichtsinhalte erarbeiten können. Durch selbstständiges Arbeiten wird die Eigenverantwortung der Schülerinnen und Schüler gefördert. Außerdem wird durch eine Übertragung auf realitätsnahe Problem- und Aufgabenstellungen den Schülerinnen und Schülern der Bezug zur Mathematik näher gebracht. Durch die

Hinzunahme von anschaulichen Modellen kann den Lernern ein tieferer Einblick in die Thematik gewährt und eine bessere Vorstellung entwickelt werden. So möchte ich auch gerade die Leitungsschwächeren aktiv in den Unterricht mit einbeziehen und ihnen die Chancen zeigen, im Mathematikunterricht weiter zu kommen. Dazu trägt auch der Einsatz differenzierter Aufgabenstellungen bei. Auf diese Weise bekomen alle Schüler die Möglichkeit, an ihrem individuellen Leistungsstand weiter zu arbeiten.

2.1 Meine Lerngruppe

Im ersten Jahr bestand die Klasse aus insgesamt 24 Schülerinnen und zwei Schülern. Davon wurden sieben Schülerinnen nicht in die Oberstufe der höheren Berufsfachschule Sozialassistenz versetzt. Von den verbleibenden 19 Schülerinnen und Schülern haben sechs Schülerinnen einen Migrationshintergrund, die meisten davon sind türkischer Abstammung.

Die Lernatmosphäre in dieser Lerngruppe lässt sich als sehr angenehm und sozial ausgewogen beschreiben. Die Schülerinnen und Schüler können mit Fehlern umgehen und werden nicht von anderen augelacht, eher das Gegenteil ist der Fall. Die guten Mitschüler versuchen in diesen Momenten unterstützend den Schwächeren unter die Arme zu greifen. Im Gegensatz zum letzten Schuljahr, in dem ich die Klasse als eher unruhig und teilweise unkonzentriert beschrieben habe, hat sich der rege Gesprächsbedarf der Schülerinnen und Schüler vermindert und der Unterricht wird weniger durch Unterhaltungen gestört. Dieses Bild hat sich im Verlauf des Schuljahres bestätigt. Die meisten Schülerinnen und Schüler sind motivierter und lassen sich mehr und mehr auf den Mathematikunterricht ein. Hintergrund der positiven Entwicklung der Lerngruppe ist meines Erachtens zum Einen der Zeitpunkt des Unterrichts. Der Unterricht findet in diesem Schuljahr dienstags in der 5. Stunde und freitags in den ersten beiden Stunden statt. Dies ist im Gegensatz zum Nachmittagsunterricht des vergangenen Schuljahres eine günstigere Uhrzeit, da die Konzentrationsfähigkeit der Schüler hier weitaus höher ist. Zum Anderen ist vermutlich auch die geringere Schülerzahl ein steigender Faktor für die positive Entwicklung der Lerngruppe, denn ein wesentlich konzentrierteres Arbeiten ist nun möglich. Außerdem haben sich die Schüler nach einem Jahr in der Unterstufe an das

Arbeitsklima gewöhnt und sind jetzt motiviert das Ziel Fachabitur am Ende des Schuljahres zu erreichen. Etwas widersprüchlich erlebe ich momentan einen Schüler, der den Unterricht durch seine gute Mitarbeit belebt und durch qualitativ hochwertige Ideen immer wieder bereichert. Leider überträgt sich dieses Bild nicht auf seine schriftlichen Leistungen.

In diesem Schuljahr steht leider keine Förderunterrichtsstunde mehr zur Verfügung, weshalb der Mathematikunterricht in dieser Klasse derzeit lediglich drei Wochenstunden umfasst. Da auch das Schuljahr sehr kurz ist und die Klasse im Januar ein Praktikum absolviert hat, ist die Zeit bis zu den Abschlussprüfungen knapp.

2.2 Folgerungen für meinen Unterricht in dieser Lerngruppe

In Bezug auf den Mathematikunterricht stelle ich eine positivere Haltung der Schülerinnen und Schüler fest. Die meisten Schüler der Lerngruppe lassen sich immer mehr auf die Mathematik ein. Dies liegt wahrscheinlich an dem angenehmen Arbeitsklima, das in der Klasse zu erkennen ist. Für den Lernprozess ist es notwendig, Fehler zu machen und daraus die richtigen Schlüsse zu ziehen. Dazu trägt eine Lernatmosphäre bei, in der es erlaubt ist, Fehler zu machen und mit diesen umzugehen. Außerdem ist es sinnvoll, im Unterricht ausreichend Zeit zum Verstehen und Üben von Unterrichtsinhalten bereitzustellen, um diese zu festigen. Allerdings sind die Übungszeiten aufgrund des knappen Zeitrahmens in diesem Schuljahr zeitlich begrenzt. Im Gegenzug ist die Lerngruppe motiviert, sich selbstständig außerhalb der Unterrichtszeit mit den Unterrichtsinhalten auseinander zu setzen.

Aufgrund des positiven Feedbacks nach dem Gestaltungsmodul im Fachseminar stelle ich der Lerngruppe regelmäßig in den Unterrichtseinheiten Knobelaufgaben zur Auflockerung bereit. Es ist interessant zu sehen, dass alle Schülerinnen und Schüler sich aktiv und gerne mit solchen Aufgaben auseinandersetzen.

Weiterhin muss ich feststellen, dass bei vielen Schülerinnen und Schülern dieser Klasse immer noch grundlegende mathematische Fertigkeiten fehlen. Da im jetzigen Schuljahr die einstündige Förderunterrichtsstunde nicht mehr zur Verfügung steht, kann im Unterricht das Wiederholen von grundlegenden mathematischen Inhalten kaum noch gewährleistet werden. Die Sicherung von Basiswissen ist unverzichtbar und Voraussetzung für einen erfolgreichen Lernerfolg in der Mathematik, so auch im Bereich der Analysis. Daher sind die Schülerinnen und Schüler dazu angehalten, sich fehlendes Wissen eigenverantwortlich anzueignen bzw. das neu Elernte zu vertiefen.

3. Einordnung des Themas in den Rahmenlehrplan

In der höheren Berufsfachschule dient der Lehrplan Mathematik vom 09.08.2005 des Ministeriums für Bildung, Frauen und Jugend als didaktische Grundlage. Dieser ist aufgeteilt in Lernbausteine, die sich nochmals in ihre jeweiligen Lernbereiche aufgliedern. Dabei werden in der HBFS die beiden Lernbausteine 3 und 4 zum Gegenstand des Unterrichts.

Die geplante Unterrichtsstunde im Mathematikunterricht ist Teil des Lernbausteins 4, Lernbereich 2: „Berechnung von Flächeninhalten und Volumina mit Hilfe der Integralrechnung"[1]. Im Bereich dieses Lernbausteins sieht der Lehrplan folgende Kompetenzschwerpunkte vor:

> ➢ Strategien zum Aufsuchen der Stammfunktionen von ganzrationalen Funktionen entwickeln, verallgemeinern und diese in neue mathematische Zusammenhänge übertragen.
> ➢ Fach- und Symbolsprache wie das Integralzeichen bei der Lösung von Anwendungsaufgaben mathematisch richtig handhaben und mathematische Sätze wie den Hauptsatz der Differenzial- und Integralrechnung beweisen und anwenden.
> ➢ Zusammenhang zwischen Differenzial- und Integralrechnung herstellen, Analogien aufzeigen und beschreiben.
> ➢ Integralrechnung als Methode zur Lösung geometrischer Probleme einsetzen.[2]

---

[1] LEHRPLAN MATHEMATIK: Lernbaustein 3, Lernbereich 2, 2005, S.22.

[2] LEHRPLAN MATHEMATIK: Lernbaustein 3, Lernbereich 2, 2005, S.22.

4. Kompetenzwahl

Indem die Schülerinnen und Schüler Methoden der Integralrechnung zur Bestimmung des Rotationsvolumens bzw. zur Berechnung des Glasverbrauchs anwenden, liegt der Schwerpunkt auf der Anwendungskompetenz im Rahmen der Fachkompetenz. Zunächst wird die Randfunktion modelliert und anschließend die aus der letzten Stunde erworbenen Kenntnisse zur Berechnung eines Rotationskörpers auf diese Funktion angewendet. Dabei schätzen die Schülerinnen und Schüler ihren Leistungsstand bezüglich der Anwendung der Rotationsformel selbst ein und bearbeiten selbstständig differenzierte Aufgabenstellungen ihrem individuellen Leistungsniveau entsprechend.

Zur Bestimmung der Randfunktion wenden die Schülerinnen und Schüler ihre Kenntnisse aus dem Bereich Steckbriefaufgaben ganzrationaler Funktionen aus dem Gebiet der Differentialrechnung an. Danach erfolgt die Anwendung der Kenntnisse zur neuen Thematik der Berechnung eines Rotationskörpers. An diesem Punkt greifen sie auf ihr erworbenes Wissen aus der Integralrechnung zurück. Die Schülerinnen und Schüler legen ihre Arbeitsschritte zur Bearbeitung der Aufgabenstellung eigenständig fest. Außerdem wird durch den Informationsaustausch die Kooperation der Schüler untereinander gefördert. Zudem werden Bedürfnisse und Interessen artikuliert und somit in die Teamarbeit integriert. Durch geeignete Zeitvorgaben wird ein zielgerichtetes und konzentriertes Arbeiten gefördert.

5. Meine didaktische Überlegungen und methodischen Entscheidungen zur Unterrichtsstunde

Folgenden Fragestellungen gehen die Schülerinnen und Schüler in der heutige Unterrichtseinheit nach: Rotiert eine (positive) Funktion zwischen a und b um die x-Achse, so entsteht ein Rotationskörper. Wie groß ist das zugehörige Volumen?[3] Wie groß ist der Glasverbrauch eines Glases?[4]

---

[3] DANCKWERTS, R./VOGEL, D.: „Analysis verständlich unterrichten", S.120.

[4] Anmerkung: Die Aufgabenstellungen sind im Anhang zu finden.

Nachhaltiges Lernen erfodert einen vielseitigen vernetzenden und mehrperspektivischen, aber nicht beliebigen Umgang mit dem Lerngegenstand. Eine markante Schnittstelle für nachhaltiges Lernen befindet sich z.B. im Übergang von der Einsicht oder Entdeckung neuer Zusammenhänge in eine Phase der vielfältigen Übung und Anwendung des neu Gelernten. Wenn an dieser Schnittstelle eine Verankerung des Neuen in Form einer ersten Übung mit Identifizierungen und Realisierungen gut gelingt, sind die Voraussetzungen für ein effektives und vielseitiges produktives Anwenden größer als ohne diese Verankerung.[5]

Zur Berechnung solcher Volumenbestimmungen sind die Grundlagen der Integralrechnung notwendig. Die erworbenen Vorkenntnisse aus diesem Bereich

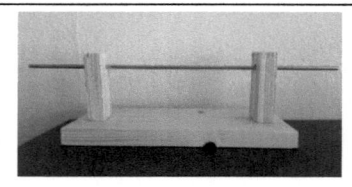

Abbildung 1: Modellgrundgerüst Rotationskörper

werden im Zusammenhang mit diesen Aufgabentypen angewendet.

Der Einstieg in dieses anschauliche und anwendungsorientierte Thema gelang in der vorherigen Unterrichtseinheit anhand eines Modells. An diesem Modell (siehe Abb. 1) konnten die Lerner sich die Thematik anschaulich verdeutlichen und sich selbstständig den Begriff des Rotationskörpers klar machen. Die Rotationsformel zur Berechnung eines solchen Körpers

$$V = \pi \cdot \int_a^b \left(f(x)\right)^2 dx \;^6$$ wurde dabei herausgearbeitet.

In der ersten der beiden heutigen Stunden stellen die Schülerinnen und Schüler in Gruppenarbeit die Funktionsgleichung eines Sektglases auf. Dies passiert im Hinblick auf die nach den Osterferien bevorstehende Fachabiturprüfung. In den kommenden Wochen werden die Unterrichtsinhalte der vergangenen eineinhalb Jahre wiederholt und besprochen. In diesem Zusammenhang wird ebenfalls die Thematik der Rotationskörper fortgeführt. Dazu eignet sich die heutige Doppelstunde durch die Wiederauffrischung eines alten Themas, verknüpft mit dem neuen Gebiet der Rotationskörper eingebettet in eine anwendungsbezogene Aufgabenstellung. Die Aufstellung und Ermittlung der Funktionsgleichung wird im Anschluss an die erste Erabeitungsphase in einem kurzen Unterrichtsgespräch besprochen. Dabei erhalten die Gruppen, unabhängig von ihrer in der ersten Erarbeitungsphase berechneten

---

[5] BRUDER, R./LEUDERS, T./BÜCHTER, A.: „Mathematikunterricht entwickeln", S.26.

[6] BIGALKE, A./KÖHLER, N.: „Mathematik – Analysis", S.219.

Ergebnisse, die Lösung der richtigen Randfunktion des Glases, damit sie in der zweiten Phase mit dem richtigen Ergebnis die eigentliche Aufgabenstellung bearbeiten können.[7]

Dieses Unterrichtsgespräch wird auch zur Überleitung in die nächste Erabeitungsphase genutzt. Hier wird der Zusammenhang zur ersten Unterrichteinheit über Rotationskörper aufgegriffen. In der nun folgenden Aufgabenstellung haben die Schüler zunächst den Auftrag, ihren eigenen Leistungsstand in Bezug auf Rotationskörper selbst einzuschätzen. Das Thema wurde bislang in einer Doppelstunde eingeführt, weshalb ich davon ausgehe, dass es für einige Schülerinnen und Schüler sinnvoll ist, sich mit einer einfacheren Aufgabe auseinanderzusetzen. Damit Schüler eigene Wege bei Arbeiten mit Mathematik erfolgreich gehen können, bedürfen sie einer Basis an mathematischem Grundwissen und Grundverständnis. Der Aufbau eines tragfähigen und flexibel nutzbaren Wissensfundaments kann nur durch eigenständiges Lernen erfolgen.[8]

Eine besondere Schwierigkeit anspruchsvoller Aufgaben besteht darin, dass für viele Schülerinnen und Schüler die Einstiegshürde zu hoch ist. Eine Möglichkeit zur methodischen Bewältigung des Problems sind Wahlaufgaben. Um die Eigenverantwortlichkeit der Lerner zu stärken ist es nicht sinnvoll, bestimmten Schülerinnen und Schülern Aufgaben zuzuweisen. Leistungsschwächere Lerner beginnen dann mit den einfacheren Aufgaben und kommen in der gegebenen Zeit so weit, wie sie es schaffen, während Leistungsstärkere bereits Aufgaben mit einem höheren Schwierigkeitsgrad bearbeiten können.[9]

So wird manchen Lernern die Anwendung der Rotationsformel besser gelingen, weshalb sie eine komplexere Problemstellung bearbeiten können. Auf diese Art und Weise wird den leistungsschwächeren Schülern der Raum zum Üben gegeben und den leistungsstärkeren Lernern die Möglichkeit eröffnet, sich mit einer komplexeren Problematik auseinander zu setzen. So versuche ich allen Schülern der Lerngruppe gerecht zu werden, so dass sie durch eine entsprechende Abstufung des Schwierigkeitsgrades innerhalb einer Aufgabe zum Weiterarbeiten am eigenen Lernstadium motiviert werden. Die Arbeitsgruppen setzen sich abhängig von der

---

[7] Anmerkung: Die Aufgaben der heutigen Stunde sind in Anlehnung an das Buch MINISTERIUM FÜR SCHULE UND WEITERBILDUNG DES LANDES NORDRHEIN-WESTFALEN (Hrsg.): „Impulse für den Mathematikunterricht in der Oberstufe" entstanden.

[8] ULM, V.: „Mathematikunterricht für individuelle Lernwege öffnen", S.57.

[9] BRUDER, R./LEUDERS, T./BÜCHTER, A.: „Mathematikunterricht entwickeln", S.37f.

Selbsteinschätzung neu zusammen. Dabei gehen die Schüler in den jeweiligen Neigungsgruppen zusammen. Gruppenarbeit eignet sich immer dann, wenn die zu bearbeitende Aufgabe hinreichend komplex ist, d.h. sie erfordert verschiedene Schritte, hat mehrere Lösungswege oder konkurrierende Ansätze oder Interpretationen. Nur dann gibt es in der Gruppe überhaupt etwas zu diskutieren und zu klären und die Kommunikation kann bereichernd sein. Zudem muss ausreichend Zeit für die Bearbeitung und Ergebnissicherung in der Gruppe zur Verfügung stehen.[10] Die Anzahl der Schüler und die damit verbundene Gruppenzusammensetzung ist allerdings von einer externen Rahmenbedingung abhängig. Die höhere Berufsfachschule hat in dieser Schulwoche die Präsentation ihrer Projekte an vier von fünf Schultagen. Der Mittwoch ist der einzige reguläre Unterrichtstag für die Schüler in dieser Woche. Daher kann ich schlecht abschätzen, wieviele Schülerinnen und Schüler an diesem Tag tatsächlich anwesend sein werden.

Die Differenzierung in der Aufgabenstellung ist durch die folgenden beiden Problemstellungen gegeben. Die einfachere Aufgabenstellung beinhaltet die Wiederholung aus der letzten Doppelstunde. Dabei wird das Volumen mit Hilfe der

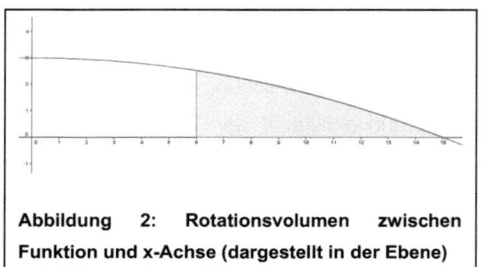

Abbildung 2: Rotationsvolumen zwischen Funktion und x-Achse (dargestellt in der Ebene)

Rotationsformel eines Glases bestimmt, welches in der ersten Stunde durch die aufgestellte Funktionsgleichung modelliert wurde. Die Randfunktion $f(x) = -\frac{1}{75}x^2 + 3$ (siehe Abb. 2) der ersten Unterrichtseinheit wird für die Volumenberechnung benötigt. So können die Schüler dieser Gruppe das Bestimmen eines Rotationskörpers an diesem Beispiel noch einmal explizit einüben und ihren Wissensstand festigen. Sollten diese Lerner mit der Aufgabenstellung gut zurechtkommen und nicht die volle zur Verfügung stehende Zeit benötigen, erhalten sie den Auftrag, sich mit der komplexeren Aufgabe auseinanderzusetzen und sich in diese hereinzudenken.

---

[10] BARZEL, B./BÜCHTER, A./LEUDERS, T.: „Mathematik Methodik", S.85.

Die leistungsstärkere Gruppe setzt sich mit der Berechnung des Materials eines solchen Glases auseinander. Dazu wird, wie bei dieser Aufgabenstellung, ebenfalls die zuvor bestimmte Randfunktion des Glases benötigt. Hinzu kommt nun die Erweiterung der Aufgabenstellung durch die Hinzunahme einer zweiten Funktion $g(x) = -\frac{1}{5}x + 4$. Diese schließt mit der aufzustellenden

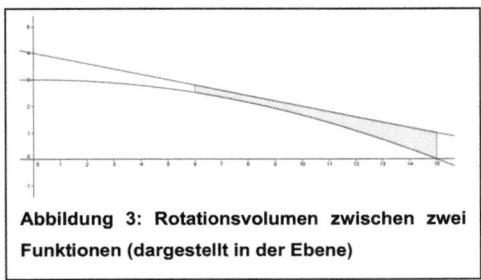

Abbildung 3: Rotationsvolumen zwischen zwei Funktionen (dargestellt in der Ebene)

Funktion ein bestimmtes Volumen ein (siehe Abb. 3) – das benötigte Material zur Herstellung des Glases.

Bei der Einführung der Rotationskörper konnte ich feststellen, dass die Schüler gut mit der Thematik zurecht kamen. Daher könnte es passieren, dass sich viele oder möglicherweise alle Schülerinnen und Schüler der Lerngruppe mit der schwierigeren Aufgabe befassen möchten. Für diesen Fall habe ich eine weitere Aufgabenstellungen vorbereitet, die ebenfalls diesen Sachverhalt beschreibt, allerdings eine andere Funktion beinhaltet. So ist gewährleistet, dass die Gruppen unterschiedliche Aufgaben präsentieren können.

Bewusst habe ich mich gegen eine Visualisierung von Rotationskörpern am PC entschieden, weil dies die Schüleraktivität reduzieren würde. Da Rotationskörper nicht mit dem den Schülern bekannten Programm Geogebra dargestellt werden können, müsste ich auf das Programm Derive zurückgreifen. Dieses ist weniger benutzerfreundlich und nicht intuitiv zu bedienen und zudem den Schülerinnen und Schülern nicht geläufig. Daher könnte ich dieses Programm lediglich zur Demonstration heranziehen, während die Schüler das Vorgeführte nur am ebenen Bildschirm sehen und nachvollziehen können. Den Gruppen steht das bekannte Modell aus der letzten Unterrichtseinheit zur Verfügung, so dass die Schüler aktiv werden können. Außerdem bekommen sie so eine bessere räumliche Vorstellung und Wahrnehmung von Rotationskörpern.

In der anschließenden Präsentationsphase sollen die verschiedenen Gruppen sich ihre unterschiedlichen Aufgabenstellungen, Lösungswege und Ergebnisse gegenseitig vorstellen und vergleichen. Die Diskussion und das Austauschen über unterschiedliche Lösungswege ist ein wichtiger Aspekt binnendifferenzierten

11

Arbeitens.[11] Zur Präsentation der Ergebnisse sollen die Kleingruppen Plakate verwenden. Im Falle von vier Gruppen mit je zwei Gruppen zu einer unterschiedlichen Problemstellung gehen jeweils die Gruppen zusammen, die verschiedene Aufgaben bearbeitet haben. Dazu verwenden zwei Gruppen die Tafel zum Aufhängen ihrer Handlungsprodukte und zwei Gruppen stellen ihre Aufgaben an der hinteren Magnetwand vor. Innerhalb von zehn Minuten sollen sich beide Gruppen über ihre Ergebnisse austauschen und sich ihre Lösungswege gegenseitig darlegen.

Während der Präsentationsphase bewege ich mich zwischen den Gruppen und versuche an deren Präsentationen und Gesprächen teilzuhaben. Gegebenenfalls gebe ich gezielt Impulse für den weiteren Besprechungsverlauf der jeweiligen Gruppe.

Im Anschluss daran folgt die Reflexionsphase. Hier bekommt die gesamte Lerngruppe den Raum zur Besprechung von Fragen und Unklarheiten. Außerdem werden in dieser Phase Schwierigkeiten bei der Behandlung solcher Aufgabenstellungen besprochen und visualisiert. Dies können verschiedene Aspekte sein wie beispielsweise das Quadrieren bei komplexen Funktionstermen, das Aufstellen der Stammfunktion, Vorzeichen beachten und Exponenten richtig berechnen und zusammenfassen. Hier bietet sich zudem die Möglichkeit, häufig auftretende Fehler mit der gesamten Lerngruppe zu besprechen und die Schüler für diese zu sensibilisieren.

Als Ausblick für die nächste Stunde, wird eine weitere Fragestellung aufgeworfen. Wie hoch muss ein Glas sein, wenn es ein bestimmtes Volumen haben soll? Dieser Problemstellung wird in der folgenden Unterrichtseinheit nachgegangen.

Die Unterrichtsstunde schließt mit dem Auftrag, die entsprechenden Hausaufgaben zur nächsten Stunde vorzubereiten. Dies sind sowohl zwei Standardübungsaufgaben und eine weitere, komplexere Aufgabenstellung.

---

[11] BRUDER, R./LEUDERS, T./BÜCHTER, A.: „Mathematikunterricht entwickeln", S.38.

6. Zur Einbettung in die Unterrichtsreihe

Datum	Kompetenzschwerpunkt/ Erziehungsauftrag als übergeordnetes Ziel	Thema/Inhalt	Methoden	Materialien/Medien
22.03.2011	- Kompetenzschwerpunkt: Leistungsüberprüfung	- Klassenarbeit: besondere Leistungsfeststellung		- Arbeitsblätter - Taschenrechner
25.03.2011	- Kompetenzschwerpunkt: Verschränkung von Transfer- und Anwendungskompetenz	- Motivation für die Problemstellung → Um was geht es? - entdecken, wie man Volumen von Rotationskörpern berechnet - Übergang: wie kann man mit einer Fläche das Volumen eines Körpers berechnen?	- entdeckendes Lernen - Gruppenarbeit - Besprechung und Reflexion im Plenum	- Modell - Arbeitsblätter - Tafel - Metaplankarten
30.03.2011 **(2.bLP)**	- Kompetenzschwerpunkt: Anwendungskompetenz	- Modellierung und Volumenberechnung eines Glases - differenzierte Aufgabenstellung durch unterschiedliche Zielsetzung: Volumen-/Materialbestimmung - Zusammenhang zwischen den Flächen- und Volumenberechnung	- Gruppenarbeit - Präsentation der Arbeitsergebnisse - Besprechung der Ergebnisse im Plenum	- Arbeitsblätter - Tafel - Plakate - Metaplankarten - Edding
05.04.2011	- Kompetenzschwerpunkt: Leistungsreflexion	- Besprechung der Klassenarbeit und der Epochalnoten	- Einzel-/Partner-/Gruppenarbeit - Präsentation der Aufgaben aus der Klassenarbeit durch einzelne Experten	- Klassenarbeit - Overhead - Tafel - Laptop
	- Kompetenzschwerpunkt: Fachkompetenz	- Wiederaufgreifen der Aufgabenstellung aus der letzten Stunde - Wiederholen der komplexen Aufgabestellung - Erweiterung durch neue Zusatzaufgabe		
08.04.2011	- Kompetenzschwerpunkt: Fachkompetenz	- die SuS finden sich in Neigungsgruppen zusammen und beginnen eigenständig mit der Wiederholung der prüfungsrelevanten Themen	- Gruppenarbeit - Diskussion der verschiedenen Arbeitsergebnisse	- Overheadprojektor - Overheadfolien - Beamer/Laptop - Arbeitsblätter

Datum	Kompetenzschwerpunkt		Methoden	Material
12.04.2011	- <u>Kompetenzschwerpunkt:</u> Selbstorganisationskompetenz	- Selbstständiges wiederholen und üben der Themengebiete zur Fachabiprüfung	- Stationenüben - Einzel-/Partner-/Gruppenarbeit	- Arbeits-/Infoblätter - Stationen - Beamer/Laptop - Metaplankarten - Folien
15.04.2011	- <u>Kompetenzschwerpunkt:</u> Selbsteinschätzungskompetenz	- Selbstständiges wiederholen und üben der Themengebiete zur Fachabiprüfung	- Fortsetzung Stationenüben - Einzel-/Partner-/Gruppenarbeit	- Arbeits-/Infoblätter - Stationen - Beamer/Laptop - Metaplankarten - Folien

7. Verlaufsübersicht der 1. und 2. Unterrichtsstunde

Zeit	Inhalt	Unterrichtsform	Didaktische Absicht
2 Min.	**Begrüßung**		Kontrolle der Anwesenheit
3 Min.	**Eröffnung** Einführung in die Problemstellung, Interesse der SuS für die Aufgabe wecken.	Lehrer-Schüler Gespräch	Übersicht über den heutigen Unterrichtsverlauf
32 Min.	**Erarbeitungsphase I** Hier berechnen die SuS die Randfunktion eines Glases.	Gruppenarbeit	Wiederholung von Steckbriefaufgaben
8 Min.	**Unterrichtsgespräch** - Vorstellen der berechneten Funktionen und der Vorgehensweise beim Modellieren - kurze Visualisierung am Modell, wie der dazugehörige Rotationskörper aussieht - SuS schätzen ihren eigenen Leistungsstand selbst ein → neue Gruppenbildung	Lehrer-Schüler Gespräch	SuS besprechen ihre Entwürfe. Zusammenhänge in Bezug zur letzten Stunde werden besprochen und visualisiert. Neue Gruppen werden gebildet
	Zwischen dem Unterrichtsgespräch und der zweiten Erarbeitungssphase kommen Sie in den Unterricht dazu.		
25 Min.	**Erarbeitungsphase II** - Berechnen des Rotationsvolumens in differenzierten Aufgabenstellungen - Anwenden der Formel zur Berechnung des Rotationsvolumens eines Glases bzw. des Glasverbrauchs	Gruppenarbeit	SuS wenden ihr Wissen aus den vorherigen Unterrichtseinheiten und der ersten Arbeitsphase auf die neue Problemstellung an.
10 Min.	**Präsentationsphase** In einer Vernissage schauen sich die SuS die Handlungsprodukte der anderen an und kommen so miteinander ins Gespräch. Dabei stehen zwei Experten aus jeder Gruppe für das jeweilige Plakat zur Erläuterung zur Verfügung.	Schülervortrag	Überblick anderer Lösungen bekommen und mit eigener Vorgehensweise vergleichen.
10 Min.	**Reflexionsphase** Ergebnisse werden verglichen und besprochen und unterschiedliche Lösungen/Lösungswege diskutiert.	Lehrer-Schüler Gespräch	Ergebnissicherung für Schüler, Vergleich mit anderen Ergebnissen, Besprechung von Problemen bei der Bearbeitung der Aufgabe
	Hausaufgaben: Buch S. 229 Nr. 5a), b), 9		Festigung und Vertiefung des Gelernten.

Literaturverzeichnis

BARZEL, B./BÜCHTER, A./LEUDERS, T.: „Mathematik Methodik", Cornelsen Verlag, Berlin 2006.

BIGALKE, A./KÖHLER, N.: „Mathematik – Analysis", Cornelsen Verlag, Berlin 2007.

BRUDER, R./LEUDERS, T./BÜCHTER, A.: „Mathematikunterricht entwickeln", Cornelsen Verlag Skriptor, Berlin 2006.

DANCKWERTS, R./VOGEL, D.: „Analysis verständlich unterrichten", Spektrum Akademischer Verlag, München 2006.

LEHRPLAN MATHEMATIK gegliedert in Lernbausteine für Fachhochschulreifeunterricht, Ministerium für Bildung, Frauen und Jugend 2005, Rheinland-Pfalz.

MINISTERIUM FÜR SCHULE UND WEITERBILDUNG DES LANDES NORDRHEIN-WESTFALEN (Hrsg.): „Impulse für den Mathematikunterricht in der Oberstufe", Ernst Klett Verlag GmbH, Stuttgart 2007.

ULM, V.: „Mathematikunterricht für individuelle Lernwege öffnen", Erhard Friedrich Verlag GmbH, Seelze-Velber 2008.

Anhang

Modellierung eines Sektglases   30.03.2011

Eine Designbüro wird von einem rheinhessischen
Winzer damit beauftragt, ein Sektglas für die
kommende Sektsaison zu entwerfen. Dabei hat der
Winzer eine gewisse Vorstellung, wie das neue Glas
designt werden soll. Der obere Teil des Glases soll
innen genau 15 cm hoch sein und der Radius soll am
oberen Rand genau 3 cm betragen. Bei dem Entwurf
des Glasstiels lässt er den Designern freie Hand. Aus
diesen Vorgaben sollen die Designer nun ein neues
Glas entwerfen.

Abbildung 3:
http://www.design-by-
as.de/Blacky/sektglas.gif

Versetzt euch in die Lage eines Designers und entwerft aus diesen Angaben eine
Funktion vom Grad 2, deren höchster Punkt die Koordinaten $(0|3)$.

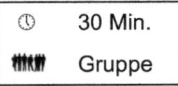

⏱	30 Min.
👥	Gruppe

17

Die Glasdesigner bemerken schnell, dass die Vorgaben des Winzers im Sinne einer guten Optik nicht so optimal umsetzbar sind. Sie können zwar die Funktion $f(x) = -\dfrac{3}{225}x^2 + 3$ für den Kelch des Glases angeben, aber sie raten ihm die Glasinnenhöhe von 15 cm auf 9 cm zu reduzieren. In einem weiteren Arbeitsschritt soll nun überprüft werden, welches Volumen das Sektglas mit einer Höhe von 15 cm und im Vergleich zu 9 cm Glashöhe aufweist.

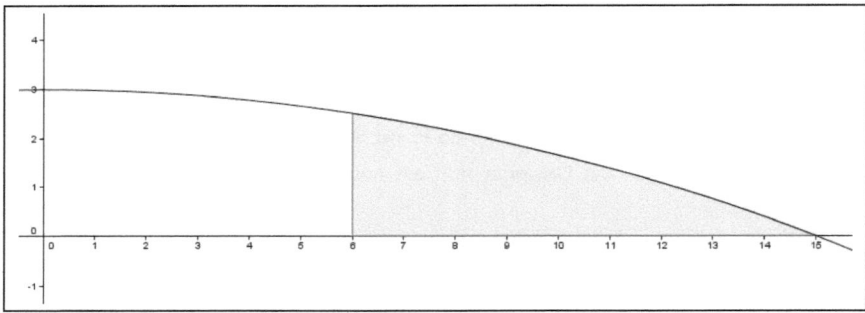

Findet euch mit einer anderen Kleingruppe zusammen, die eine andere Problemstellung bearbeitet hat. Stellt eure Aufgabenstellung der anderen Gruppe vor und beschreibt ihnen eure Vorgehensweise bei der Lösung der Aufgabe. Verwendet zur Verdeutlichung eurer Ergebnisse ein Plakat, auf dem ihr euren Lösungsweg dokumentiert.

○	25 Min.
♙♙♙♙	Gruppe

Die Glasdesigner bemerken schnell, dass die Vorgaben des Winzers im Sinne einer guten Optik nicht so optimal umsetzbar sind. Sie können zwar die Funktion $f(x) = -\frac{3}{225}x^2 + 3$ für den Kelch des Glases angeben, aber sie raten ihm d e Glasinnenhöhe von 15 cm auf 9 cm zu reduzieren. Zudem modellieren sie d e äußere Hülle des Glases durch die Funktion $g(x) = -\frac{1}{5}x + 4$. Im Sinne eines optimalen Materialverbauchs bei der Glasherstellung, soll überprüft werden, ob das Material je Glas einen Wert von $50\,\text{cm}^3$ übersteigt.

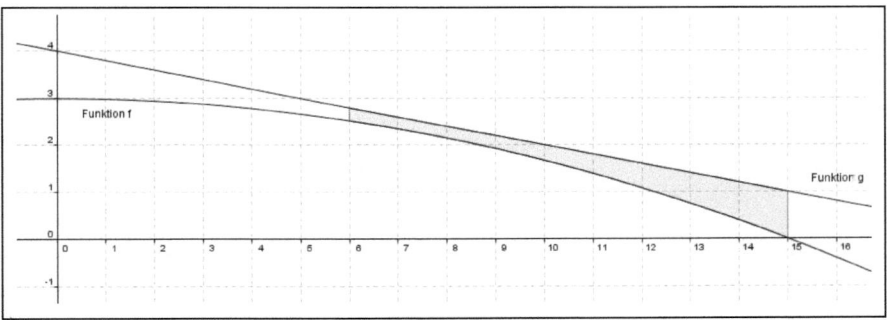

Findet euch mit einer anderen Kleingruppe zusammen, die eine andere Problemstellung bearbeitet hat. Stellt eure Aufgabenstellung der anderen Gruppe vor und beschreibt ihnen eure Vorgehensweise bei der Lösung der Aufgabe. Verwendet zur Verdeutlichung eurer Ergebnisse ein Plakat, auf dem ihr euren Lösungsweg dokumentiert.

◷	25 Min.
⛉	Gruppe